topography

隈研吾

日本隈研吾建筑都市设计事务所 / 著

付云伍 / 译

KENGO KUMA

topography
消失的建筑

广西师范大学出版社
· 桂林 ·

images
Publishing

引言

粒子

倾斜

CONTENTS 目录

TRANSFORMING TOPOGRAPHY
地貌的改造

隈研吾

日本的经济在20世纪80年代取得了突飞猛进的发展，但这也导致了巨大的泡沫，致使经济发展在20世纪90年代初期陷入了停滞状态，几乎每一个领域都进入了黑暗时代，很多日本人将其称为"失落的十年"。在这一时期，即使在东京，人们也很难找到合适的工作机会。作为一名建筑师，我多年来始终忙碌不停，然而到了20世纪90年代，几乎所有的工作都在没有任何征兆的情况下被迫停顿下来。由于终日无所事事，我便开始周游日本各地，在旅途中不仅听说了各种奇闻逸事，还遇到了不少有趣的人。于是，这段闲暇时光在我的建筑师生涯中变得尤为重要。

在整个20世纪90年代期间，我始终专注于研究如何让建筑"消失"，尽管在濑户内海的松前大岛，许多人要求我设计一座气势非凡的天文观测台。在我看来，他们一定觉得，我既然是一名建筑师，并且曾经于那个繁荣和泡沫时期在东京创作了众多的建筑作品，就一定可以设计出一座令世人瞩目的天文观测台。然而，此时我对美学的感受已经发生了巨大的改变，我真心渴望建造的是一座能够完全消失在周围环境中的建筑。

身为一名建筑师，尽管我和我的前辈们在20世纪80年代的繁盛时期创造了举世瞩目的建筑，但是我并不喜欢自己的某些设计风格，甚至厌恶至极。

尽管人们要求我设计这样一座令人过目难忘的天文观测台，我却希望设计一座能够遁形于人们视野之外的天文观测台，这绝对是离经叛道的举动。

让建筑消失，最简单的方法就是将其埋藏于地下。我认为，观测平台的功能体块，包括平台本身、抵近平台的台阶以及卫生间等，都应该覆于泥土之下，从而消失在环境之中。但是，我制作模型时意识到非常重要的一点：事实上，整个建筑并没有真正消失。

即使我以为建筑真的消失了，它们却在该地形成了全新的地貌景观，因此，与其说我所创造的是建筑，还不如说是地形地貌。重要的是，我逐渐意识到建筑是不可能真正消失的。尽管我极力使建筑隐形，但是它却不可避免地在该地塑造了另类的景观。此前，我从未注意到自己应该为此所承担的责任——在建筑所在地创造新地貌的责任。

这种责任的严肃性甚至超过了创造建筑的责任。由于一座建筑通常只能维持几十年的寿命，因此我们可以认为它终将在原地消失。但是，地貌并非如此。尽管地貌受风雨的影响会发生各种变化，却会永远存在于原地。当你创造长期存在的地貌时，就必须承担与此相应的责任。正是经济泡沫的破裂使我意识到如此重要的事实，而当我认识到这一点时，便完全改变了创造建筑的方式。

粒子（Particle）

那么，建筑师在创造地形地貌时到底应该关注哪些因素呢？

最初，我的反应是需要种植灌木等绿色植物。若是没有经过深思熟虑，我会以为最简单的方法就是用泥土将建筑覆盖，然后在上面种植绿色植物，从而形成新的地貌。

然而，当我看到美国著名心理学家詹姆斯·杰罗姆·吉布森（James Jerome Gibson，1904—1979）的研究成果时，才发现重要的并不是绿色植物，而是粒子。在关于认知方面的重要研究中，吉布森重点关注了人与周围环境的关系。他以生物学方式研究了这一主题，消除了先前心理学研究的模糊性，结果发现生物利用存在于环境之中的粒子来感知自身与其他事物之间以及环境中事物之间的距离。吉布森的结论是，如果一个生命体闯入一个没有粒子的白色环境之中，那么这个生命体将无法感知环境或与环境建立联系。这将最终导致这个生命体的死亡。

我之所以认为地貌和绿色植物是等价的，是因为绿色植物是由枝、叶这样的粒子构成的。这些粒子被人类和其他生物当作他们与环境建立关联的线索，为我们带来安全感。

正如被森林和绿草覆盖的平原是由各种粒子构成的一样，悬崖等类似的地貌也是由诸如石头和沙子这样的粒子构成的。因此，尽管悬崖等特征相似的地貌具有极度鲜明的剖面，但它们仍然会和谐地融入周围的环境，也为我们提供了一种安全感。在维多利亚与艾尔伯特博物馆邓迪分馆项目（2018年，位于苏格兰地区）中，我曾希望创造一系列由粗糙粒子构成的悬崖峭壁，使建筑看上去更具苏格兰风貌。

倾斜（Oblique）

在创造地貌时，还有一个需要考虑的重要因素——地貌基本上是由倾斜的表面构成的。地貌的倾斜一般是由雨水的冲刷或者风化作用造成的，无论是哪一种情况，地貌总是由一些倾斜的表面聚集而成并形成了封闭的连续表面，这样生物才能够以各种方式在这种地貌上活动，例如，在上面穿行或生活。这种倾斜还为生物自由地获取各种食物和最重要的水资源提供了便利。

通过采用各种类型的倾斜表面来与周围的地貌和谐相融，建筑也能从地貌中获益颇丰。尤其是在亚洲地区，倾斜表面在建筑中得到了有效的应用，这很可能与亚洲的高降雨量密切相关，倾斜的屋顶不仅能让落在屋顶的雨水顺畅地流向地面，还能将建筑与地面连接在一起。亚洲村庄中的房屋几乎无一例外地都采用了倾斜屋顶，这种做法往往使村庄看上去犹如地貌的一部分。当我决定去创建地貌时，便从亚洲的建筑中借鉴了诸多有益之处。也是从那时起，我开始以不同的角度审视亚洲建筑。

薄膜（Membrane）

我并不是说自然地貌上不应有任何东西，就像风永远不会停歇，空气中永远飘浮着尘土和落叶。正因如此，我希望建筑是轻的、薄的，并且只是短暂地存在，仿佛可以随风飘逝，于是我想到了膜的概念。膜不会与地貌产生对立。它就好像是地面气流运动的一部分。

洞孔（Perforation）

地貌的另一个重要特征是拥有很多洞孔。大型的洞孔有山洞和地穴，但小的洞孔更为常见。各种生物在这些洞孔的庇护下得以生存。如果某种地貌是完全平坦的，没有任何洞孔，那么无论其倾斜性如何，生物都不可能在其中生存。

在孩提时代，我就喜欢在山洞中玩耍，与那些生存在洞穴中并受其庇护的生物共享快乐的时光。各种各样的东西涌入并聚集在洞穴之中，这些聚集于此的大量物质不断流动，与地貌之间形成各种联系，并赋予地貌鲜活的生命力，而这些洞孔也有助于维持生物的存活。受此启发，我在自己创造的地貌上开设了许多大大小小的洞孔。这些洞孔形式各异，例如，维多利亚与艾尔伯特博物馆邓迪分馆项目中的各种开口宛若巨大的山洞，而波特兰日本庭院文化中心的绿色屋顶由多孔的陶瓷面板构成，可以吸收并引导雨水，滋养植物的根部。

时间（Time）

我在首次开始思考创造地貌的时候，内心产生了一个巨大的变化——我将创造的事物的时间概念做了改变，这也为我的工作和时间本身之间的关系带来了变化。

在考虑创造建筑的时候，"完工"一直是一切工作的基础。工作在某一个时间点完成后，完工的建筑会被拍成照片发表在杂志上。既然建筑作品最耀眼的时刻是在竣工的那一天，那么我对完工之后的建筑便没有丝毫的兴趣了，我无须考虑这些建筑作品在完工之后会发生什么。

然而，地貌的创建却并非如此，因为地貌永远没有完工之日。随着时间无休止地流逝，地貌也在不断地变化。除了地貌与周围环境之间的空间关联之外，过去与未来之间的时间关联也是密不可分的，因此，拍一张地貌的照片在杂志上发表是一件荒谬的事情。地貌永远与我们相伴，它在我们来到这里之前就早已存在，在我们离开之后仍将继续存在。

从我决定创造地貌的那一刻起，我便发现几乎所有的工作都涉及翻修改造。但是当你用心感受时光的变迁时，翻修改造工作会突然间变得趣味横生。一旦你对原有的地貌做出一些微小的改动，那里就会发生一些新的变化。到了第二天，地貌会受到风雨的影响继续发生变化，而且这种变化会一直持续。可见，翻修改造是一项没有尽头的工作。

自从我开始以这种方式进行思考之后，那些原本在我眼中严肃的工作变成了一种享受。我认为，创造地貌就是创造一种永恒的事物，这涉及极其重大的责任。然而，在地貌持续变化的同时，你可以将自己置身于这种连续之中，并徜徉其中。因此，如果你只是在时间的长河中漂流，这种感受将是无忧无虑和舒心愉快的。

在这里，重要的是要多一些放松，少一些严肃，这样你就会在时间的长河中自在地漂流。如果你过于严肃认真，可能就会被其淹没。因此，在设计地貌的时候必须要全身心放松。

粒子 PARTICLE

长城脚下的公社之竹屋
GREAT (BAMBOO) WALL

项目地点：中国北京　　完成时间：2003年
合作伙伴：奥雅纳工程顾问公司，洛可可景观设计事务所
建筑面积：528平方米　　主要用途：酒店，私人寓所
摄　　影：浅川悟志

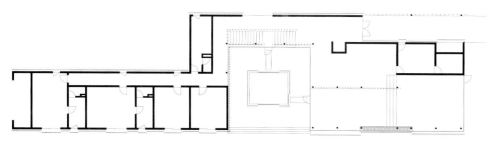

平面图

项目坐落于北京近郊长城脚下的一片森林之中。十位经过业主精挑细选的亚洲建筑师承担了项目的设计任务，他们每人设计十所住宅，在该地区建造了一个拥有百所住宅的居住社区。项目的重点要求是保持当地的原始地理特征完好无损，并尽可能采用当地出产的建筑材料，以反映中国长城的原始规划理念。

在北京的郊外，很多建于20世纪的房屋位于较为平坦的地方，这意味着此类地形是当地人建房子的首选。然而，长城附近的林地地势较为复杂，起伏不平。因此，我们认为最好的解决方案是建造一种不但不会破坏当地地貌，反而对其有利的房屋。所以，我们设计的房屋利用一道竹墙作为隔离和过滤周边环境的装置。

选择竹子作为主要材料是考虑到以下几个因素：首先，我们发现这种材料的弱点正是其魅力所在——长城是用坚固的石头和砖块建造的不可穿透的壁垒，而竹墙则可以让风和光线自由通过；其次，这种竹制过滤装置可以作为连接不同国家的纽带——竹墙是中日之间文化交流的一种象征符号。

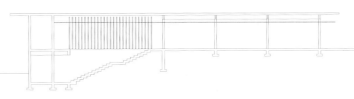

剖面图

梼原町市政厅
YUSUHARA TOWN HALL

项目地点：日本梼原町　　　完成时间：2006年
合作伙伴：庆应义塾大学理工学部系统设计工程系
场地面积：6020平方米　　　建筑面积：2971平方米
主要用途：市政厅　　摄　影：藤冢光正

日本高知县的梼原町以用雪松木作为城市建筑的材料而闻名。目前，这里的梼原町市政厅已经成为城市建设的新起点，是日本规模最大的木造市政厅建筑。由于该地区气候多雪，我们在建筑内部嵌入了一个巨大的中庭，作为用于传统表演和节日庆典的公共空间。这里还拥有一个室内广场，并设有银行、农业合作社和商会等公共机构办公设施。一道巨大的滑动拉门（常用于飞机库）将室内广场与室外广场隔开。在日本新年期间，这里的广场会成为一个大型的欢庆空间。

我们用当地的雪松木制作了一种双桁架梁结构，其跨度长达18米，符合当地的建筑规定。该建筑旨在展示日本建筑木造结构的卓越之处，以可视的方式将雪松木构件的支撑作用展现得淋漓尽致。

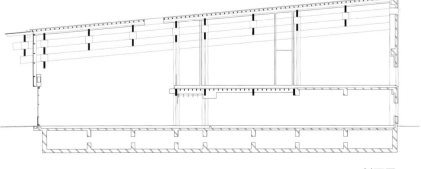

剖面图

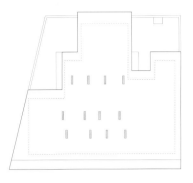

屋顶平面图

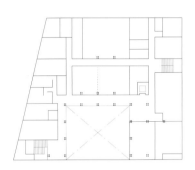

三层平面图

二层平面图

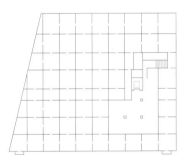

一层平面图

梼原町社区市场
COMMUNITY MARKET
YUSUHARA

项目地点： 日本梼原町　　**完成时间：** 2010年
合作伙伴： KS设计公司，中田胜雄事务所，西格玛设施设计公司，大旺新洋有限公司，尼桑电子
场地面积： 779平方米　　**占地面积：** 552平方米
建筑面积： 1132平方米　　**主要用途：** 酒店，市场
摄　　　影： 太田拓实摄影工作室

这是一座由梼原町政府直接运营的精品酒店和市场的综合体。酒店的15间客房分布在中庭的四周，中庭则作为当地土特产的交易市场。这样，游客便可以在市场的附近享用由新鲜食材烹制的美食。

梼原町的历史可以追溯到明治维新时期。那时，通往梼原町的道路上分布着一些被称为茶堂（Chad Do）的小屋，主要为来往的行人提供休息之地，也可以用于开办品茗的文化沙龙。为了表达对这段历史的尊重，我们选择了茅草作为主要建筑材料。这种材料展现了茶堂的原始特征，是连接历史与现代的良好媒介。我们在酒店正门的上方设计了一面独特的幕墙，幕墙由一个个茅草单元构成，每一个茅草单元的尺寸约为2000毫米×980毫米。我们将茅草单元固定在基底上，并在其剖面端做了防水保护。每一个茅草单元的两端都设有转轴，并被固定在钢制的竖框上，这样每一个单元都可以旋转，不仅有利于通风，还方便维护。在建筑的内部，我们用带着树皮的雪松原木塑造了自然的纹理效果，又用剥去树皮的雪松木建造了结构部分，以创造更为细腻的质感。通过运用茅草和原木这样纹理粗糙、质朴的元素，我们赋予了梼原町社区市场建筑全新的材料特色。

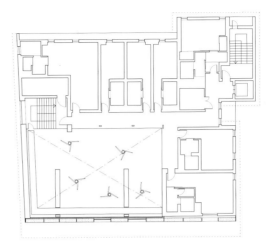

平面图

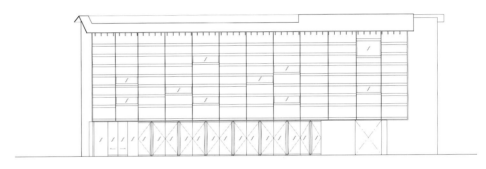

立面图1

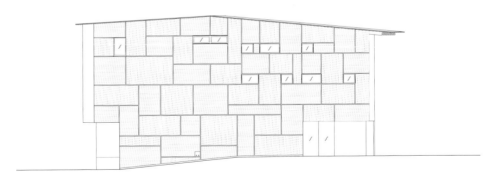

立面图2

梼原町木桥博物馆
YUSUHARA WOODEN BRIDGE MUSEUM

项目地点：日本梼原町　　完成时间：2010年
合作伙伴：KS设计公司，中田胜雄事务所，西格玛设施设计公司，关西设备有限公司，
昭和电机有限公司，Shimanto Sogo建筑施工有限公司
场地面积：14 736平方米　　占地面积：574平方米
主要用途：博物馆　　摄　　影：太田拓实摄影工作室

这座木桥博物馆将两座被公路分隔已久的建筑连接在一起。我们为此采用了独特的悬臂桥梁结构设计，这项传统技术在日本已经被人们遗忘。我们采用层压的小截面木质构件建造了这座建筑，并通过将众多构件叠放的方式将木桥的主梁从两端逐渐向外延伸。在日本，这种用木板代替钢结构的桥梁中，得以保留至今的只有山梨县的猿桥。

为了使这种结构与场地契合，我们在桥梁的中部设置了桥墩，以承载垂直方向的负荷，并使两侧的负荷达到平衡。这种结构似乎可以被称为"平衡玩具桥"。与桥梁结构造型相反的屋顶将展室和走廊遮盖住，展览空间则分布在斜坡顶部的两侧。

桥梁的整体结构采用了叠放的木质构件系统。这种结构在日本的传统寺庙建筑中被称为"Tokiyo"（类似于中国的斗栱），其呈现的存在感（实体性）和抽象感是任何框架式结构都难以做到的，因为构成层压木质构件系统的材料本身就具有木砌体的存在感和抽象感。我们通过将这些木质砌体构件连接在一起，增加空间的维度。从建筑的物理属性、技术和历史的角度看，我们极力打造的是一个不分层次的建筑。

这座建筑是我们在设计新型公共建筑方面的尝试。地区文化的振兴、城市设计、结构技术、材料和传统表达等方面的问题在这座建筑中都一一得到了解决。

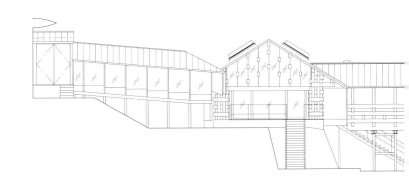

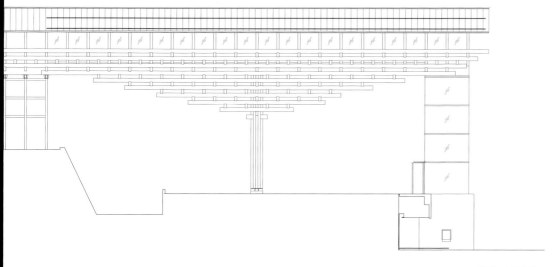

北侧立面图

GC 口腔医学博物馆
GC PROSTHO MUSEUM
RESEARCH CENTER

项目地点： 日本春日井　　**完成时间：** 2010年
合作伙伴： GC公司，佐藤淳结构设计事务所，P.T.森村联合有限公司，松井建设有限公司，
大光电机有限公司，日本设计中心公司，原设计研究所
场地面积： 422平方米　　**占地面积：** 234平方米
建筑面积： 627平方米　　**主要用途：** 博物馆，研究中心
摄　　影： 阿野太一

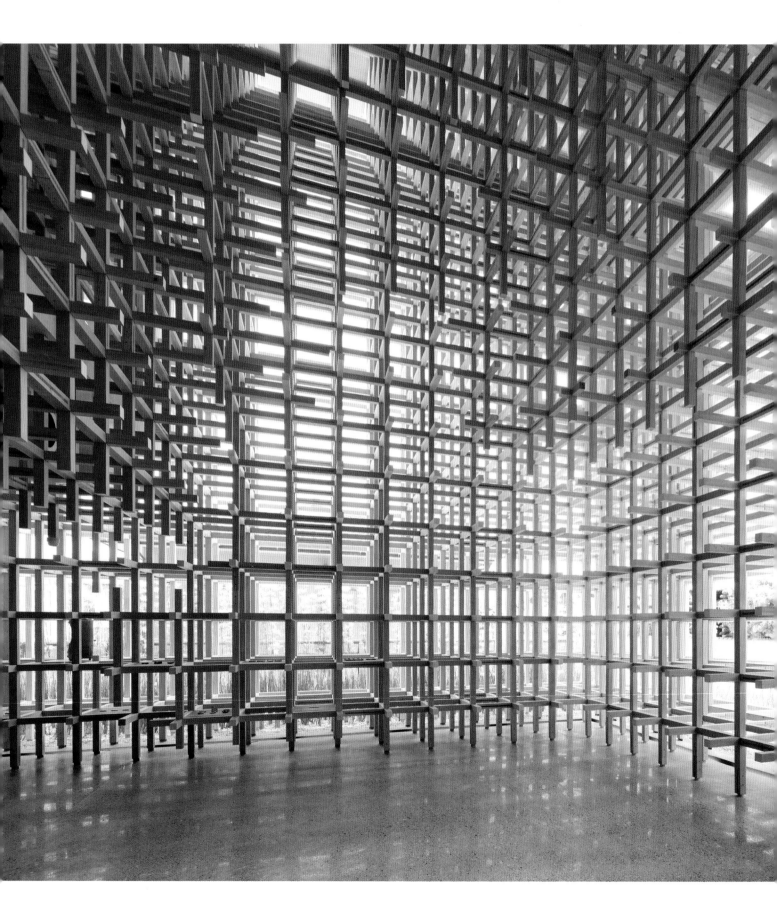

该作品的设计灵感源自一种叫刺果（Cidori）的日本传统玩具。这种玩具由众多木条组装而成，木条上带有形状独特的接头，只要通过木条之间的咬合就可以将玩具无限扩展，不需要钉子或金属固件。我们面临的挑战是如何将这种方法运用在大规模的建筑结构中。

原始的刺果是以截面尺寸1.2厘米×1.2厘米的方形木条制作而成的，而这座建筑使用了6厘米×6厘米×200厘米或6厘米×6厘米×400厘米的木制构件，形成以50厘米为基本尺寸的立体网格结构。整个建筑结构都没有使用黏合剂进行固定。这些木制构件不仅支撑着建筑结构，还可以作为博物馆展品的展示架。建筑上部向外突出的结构使这些木制构件免受雨水的侵蚀，构件的边缘部分则涂有白漆作为保护。

结构工程师佐藤淳为检查结构系统的有效性，进行了一系列压缩和弯曲测试，验证了小玩具的构造也可以用于大建筑。这座建筑展示了一种可能性，即人们可以像摆弄手中的玩具一样，用小型的结构单元建造出庞大的建筑，同时也表达了我们的希望——用机器建造建筑的时代终将结束，人类可以重新凭借自己的双手创造建筑。

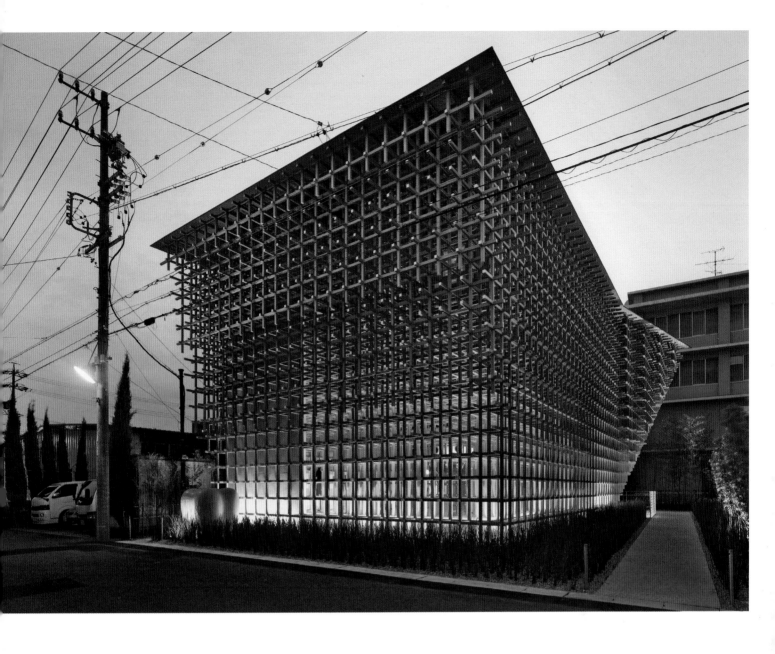

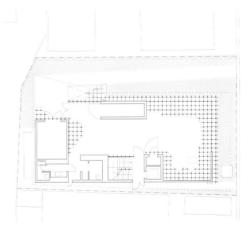

一层平面图

马赛当代艺术中心
FRAC MARSEILLE

项目地点：法国马赛　　完成时间：2013年
合作伙伴：图里与瓦莱特事务所，CEBàT工程公司
建筑面积：5757平方米　　主要用途：博物馆，艺术中心
摄　　影：尼古拉斯·沃尔特福格尔

自1982年以来，法国地区级当代艺术基金会（FRAC）一直管理着法国地区艺术设施的设置和分布。FRAC是一个基于社区的组织，其宗旨是培养年轻艺术家和扶持艺术创新项目。按照FRAC的指导理念，我们力求打造一个面向当地社区的开放的建筑，而不是传统的封闭式盒子形的艺术博物馆。通过精心的设计，我们不仅使马赛当代艺术中心成为当代艺术的标志，而且使其成为地标性建筑。

该建筑位于马赛的滨水区域，建筑用地呈三角形，周围环绕着两条道路。我们没有采用与外界隔绝的盒子形展示空间，而是进行了一种特别的规划，使街道也成为三维的展示空间，由此创造出一个充满活力和动感的场所。为此，我们尝试按照勒·柯布西耶在马赛公寓（1952年）中的设计手法设计公共走廊或小走廊，采用一种新的构思方式，用螺旋式走廊表现小走廊的三维形式。场地的一角设有一个与街道相邻的露台。这个露台是一个多功能的空间，既可以作为户外的艺术舞台和展示空间，也可以用于举行各种集会和庆典，为参观者创造交流和互动的机会。

建筑的外立面覆盖着釉彩玻璃，看上去犹如众多粒子的聚合体，形成了一种柔和的外观。所有的釉彩玻璃面板都以略微不同的角度安装，地中海强烈的阳光经过玻璃面板的散射后变得更加细腻、柔和。勒·柯布西耶曾经试图通过百叶窗对阳光的折射来解决光线的问题，而我们则尝试用粒子（玻璃面板）来解决这一问题。法国著名作家和政治家安德烈·马尔罗曾在1947年提出了创建"没有围墙的博物馆"这一想法，而我们则通过采用"模糊的外立面"强化了这一概念。

五层平面图

四层平面图

三层平面图

二层平面图

一层平面图

星巴克咖啡·太宰府天满宫表参道店
STARBUCKS COFFEE
AT DAZAIFUTENMANGU
OMOTESANDO

项目地点：日本太宰府　　　完成时间：2011年
合作伙伴：佐藤淳结构设计事务所，Tosai事务所，九电工有限公司，伊角冈安灯光设计公司
建筑面积：210平方米　　　主要用途：咖啡厅
摄　　影：西川正雄

这家星巴克咖啡店位于通往太宰府天满宫的主干道旁。建于919年的天满宫是日本重要的神社之一，每年约有200万游客前来参观。沿着通往神社的主干道旁有很多一层或两层的日本传统建筑。为了让建筑与整个城市景观和谐相融，我们决定采用一种独特的斜向薄木编织结构。

这座建筑由2000个尺寸各异的木条构件组成。构件的长度从1.3米到4米不等，截面均为6厘米见方。如果把这些木条连接起来，长度大约有4400米。我们曾在GC口腔医学博物馆项目中试验水平向的木条编织结构，这一次我们则尝试了斜向的编织结构，从而给人一种带有方向性和流动性的视觉感受。在刺果玩具和GC口腔医学博物馆项目的结构中，都是三根木条通过一个结点相连，而由于此项目采用了斜向的结构，每个结点上要连接四根木棍，因此需要一种更为复杂的接头。我们通过稍微改变支点的位置解决了这一问题，即将四根木棍分成两组，以避免它们集中于单个结点。在中国和日本的传统建筑中，将小型构件从地面向上堆叠都是一种成熟、完善的建筑方法。我们以此为基础，结合最先进的技术，极大地改进了堆叠方式，使人们能够深度沉浸在建筑之中，在这个犹如洞穴般的流畅空间内享用美味的咖啡。

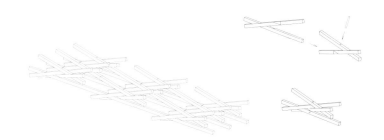

轴测细节图

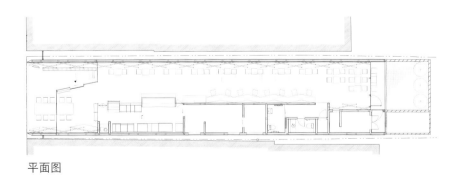

平面图

剖面图

日本微热山丘甜品店
SUNNYHILLS JAPAN

项目地点： 日本东京　　**完成时间：** 2013年
合作伙伴： 佐藤淳结构设计事务所，Kankyo工程公司，佐藤秀建筑事务所
建筑面积： 297平方米　　**主要用途：** 零售店
摄　　影： 大野大志，爱德华·卡鲁索，阿莱西奥·瓜里诺

这是一家专门售卖凤梨酥的店铺。整个建筑的外观好像一个竹篮。建筑结构采用了一种叫"Jiigoku-Gumi"的连接系统，这是日本木建筑中常用的一种传统建造手法[常见于障子（Shoji）]。在这种结构中，相同宽度的垂直和交叉部件相互铰接在一起，形成一种窗条网格结构。通常，这两个部件是在二维平面上贯穿相交的，但是在这个项目中，它们是以30°角的方式相交，形成了三维的结构。在这一构思下，每个木构件的截面尺寸都被缩小到6厘米见方。这种结构组合在一起形成了一种云状的造型，以人类尺度去感受的话，这更像是一个类似森林的空间结构。建造这个空间所使用的木材同样被用于制作店铺内的各种餐具，供顾客品尝凤梨酥时使用。考虑到这座建筑位于东京青山区的住宅区内，我们希望这座建筑呈现出一种柔和而微妙的感觉（完全不同于混凝土建筑），使街道与建筑之间的关系更加和谐。

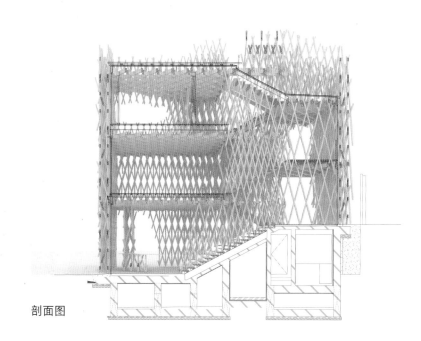

剖面图

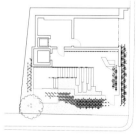

一层平面图

二层平面图

三层平面图

屋顶平面图

绝景咖啡厅
COEDΛ HOUSE

项目地点：日本静冈　　完成时间：2017年
合作伙伴：江尻建筑构造设计事务所，Kankyo工程公司
建筑面积：142平方米　　主要用途：咖啡厅
摄　　影：川澄/小林研二摄影事务所

我们将很多截面为8厘米见方的雪松木条堆放在一起，塑造了一个巨大的树形
结构。通过碳纤维棒（抗拉强度是铁的7倍）的加固，这个带有"大树枝"的
树形结构具有良好的抗震能力。这个咖啡厅位于悬崖之上，可以俯瞰太平洋的
壮丽景观。由于建筑为树形结构，我们取消了四周的立柱，让顾客观赏景观的
视野不受任何遮挡，更加开阔。

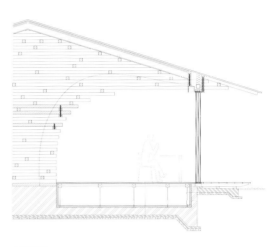

细节图

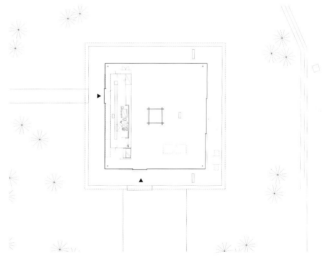

平面图

吉祥寺铁将餐厅
TETCHAN

项目地点：日本东京　　完成时间：2014年
建筑面积：31平方米　　主要用途：餐厅
摄　　　影：伊利塔·阿塔利

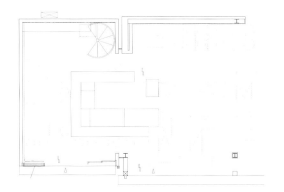

一层平面图

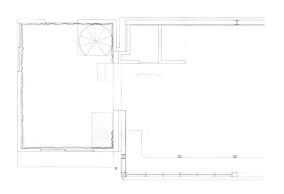

二层平面图

该项目位于吉祥寺（东京郊外的一个地区），这里仍然保留着"二战"之后日本黑市街摊的奇妙氛围。我们为街道尽头的一个小型餐厅进行了室内设计。

室内装饰的材料以回收的材料为主。我们在家具和墙壁表面铺设回收的网线，并将其称为毛球（Mojamoja），以契合其毛茸茸的蓬松外观。我们几乎在室内的每一个地方都使用了亚克力球（acrylic ball，一种亚克力副产品材料），包括室内的装饰品和家具。结果，我们得到了令人惊艳的室内效果，一切似乎都不见了，只有各种材质和色彩飘浮在空气之中。这种混沌风格与汤村辉彦创作的墙画相得益彰。

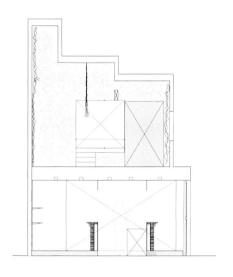

立面图

北京茶馆
BEIJING TEA HOUSE

项目地点：中国北京　　完成时间：2014年
合作伙伴：江尻建筑构造设计事务所，照明规划师联合事务所
建筑面积：250平方米　　主要用途：茶馆
摄　　影：Nacasa & Partners工作室

BEIJING TEA HOUSE

我们使用聚乙烯块对一座位于北京故宫附近的四合院式建筑进行了翻修改造。这些聚乙烯块分为四种类型，均是采用旋转成型技术制造而成的。它们连接在一起构成了扩建部分的结构。聚乙烯块是一种高性能的绝缘材料，光线通过这种材料后会产生柔和的漫反射效果，犹如古老的四合院建筑中使用的窗纸产生的效果。

北侧立面图

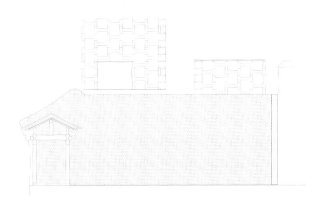

西侧立面图

济州岛球屋
JEJU BALL

项目地点： 韩国济州岛　　　　**完成时间：** 2012年
合作伙伴： 济州岛乐天度假村，DA城市与建筑设计集团，未来结构工程公司，
Yungdo 工程设计公司，乐天工程建设公司，Jaxson公司
建筑面积： 245平方米或210平方米　　　　**主要用途：** 别墅，酒店
摄　　影： 隈研吾建筑都市设计事务所

当我们首次参观济州岛时，那些多孔的黑色火山岩给我们带来了巨大的灵感。我们希望能赋予建筑这种柔软而温润的触感。于是，建筑群中的每一座房屋都采用了类似黑色圆卵石的造型设计。从远处望去，每一座房屋都犹如景观中的一块黑色卵石。而当你走近时，又会发现房屋很大一部分就是用黑色的石头建造的。

房檐是这些房屋的重要细节之一，我们在雅致的木格表面上精心地铺放了一层薄薄的火山岩，让自然光线透过岩石的缝隙进入室内。光线令石头的纹理更加显眼，使屋顶边缘与地面的界线变得模糊起来。这种黑色和多孔的石头形成了济州岛的风光特色，也促使我们将其升华为住宅的特色。

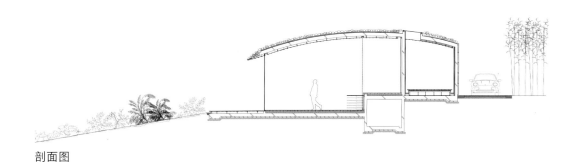

剖面图

虹口 SOHO
HONGKOU SOHO

项目地点： 中国上海　　　　**完成时间：** 2015年

合作伙伴： 江尻建筑构造设计事务所

建筑面积： 950 00平方米　　**主要用途：** 办公空间

摄　　影： 加纳永一

这是一座办公楼，顶部几层为私人办公室，一层是向外部城市空间开放的共享空间，人们可以透过多孔的外立面观赏街景。

建筑的外立面和公共空间为人们留下了平缓柔和、连贯流畅的印象。在外立面上，我们用18毫米宽的铝网营造了一种"褶皱"的效果，整个立面看上去仿佛垂落的裙摆。这些铝网在垂直方向上以一定的角度倾斜，以适应建筑的外部结构，同时还产生了一种涟漪般的效果。随着光照的角度、强度和位置的变化，这些"褶皱"会表现出渐变的光影效果，十分有趣。

这些"褶皱"一直延伸到公共区域，然后与中庭相融，形成令人惊艳的景观。通过石头和铝网的运用，我们使公共空间呈现出犹如皮肤一样的效果，营造出一种与普通"硬"建筑完全不同的氛围。

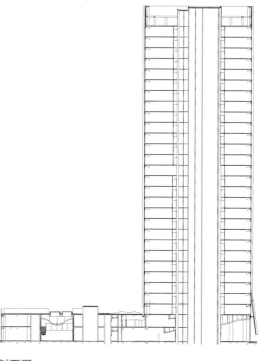

剖面图

达令交流中心
THE EXCHANGE

项目地点： 澳大利亚悉尼　　**完成时间：** 2019年

合作伙伴： 联实集团，澳派景观设计工作室，奥雅纳工程顾问公司，F&D Normoyle公司，ARMA公司

场地面积： 4993平方米　　**占地面积：** 1075平方米

建筑面积： 6680平方米　　**主要用途：** 市场大厅，公共图书馆，儿童保育中心，餐厅

摄　　影： 马丁·米什库利尼

这是一栋高达七层的多功能公共建筑，位于悉尼的繁华区域达令港，是大型城市开发项目达令广场的一部分。

该地块形如一个小口袋，藏于高楼林立的开发区内，周围建筑大都是僵硬的几何造型。该项目的设计策略是创造与广场和谐统一的建筑形式，既能与周围的景观融为一体，又能保持人性化的尺度，同时还要使用天然的材料。

项目位于交通枢纽之地，周围遍布着住宅区和零售商店，每天人流不断。因此，我们选择了一种非定向的建筑形式，使人们可以从各个方向看到并走进这座建筑。圆形的结构暗示着这里是一个充满勃勃生机的社区，可以为多种用户群体提供服务。

地面层是广场的延伸区域，由于整层立面全部使用了玻璃幕墙，地面层成为开放透明的空间，人们从各个方向都可以进入大厅。这促进了自由的人群与活跃的街道生活之间的交流，为社区人民的日常生活创造了互动的机会。建筑的中部楼层主要为公共空间。为了表现建筑的活力和多样性，我们通过楼层板的错位设计创造了动态的几何造型，这种错位的楼层板还为每层提供了舒适的室外露台，满足了各层的功能需求。

为了使建筑具有自然的纹理和质感，我们选择木材作为建筑的外墙材料，用一种充满有机感和自然气息的木屏将错位的楼层板包裹在内。木屏可以过滤自然光线，为室内空间增添柔和的感觉。我们通过这种有趣而原始的方式将建筑表现为自然的一部分，使其看似一棵树或一个鸟巢，这就是我们的创作意图。

林中的冥想屋
WOOD / PILE

项目地点：德国克伦　　完成时间：2018年
合作伙伴：洛伊斯工作室，江尻建筑构造设计事务所
建筑面积：141平方米　　主要用途：冥想屋
摄　　影：伊利塔·阿塔利

我们在慕尼黑郊外的森林中设计了一个冥想空间，这里与路德维希二世的新天鹅城堡相距不远。冥想屋是世界闻名的温泉度假胜地达斯克兰兹巴赫酒店的一部分，客人在这里可以安静地练习瑜伽和冥想，也可以欣赏透明幕墙外的森林景色。

我们选择生长在附近的冷杉树作为原料，将其铣削成30毫米厚的木板，然后把它们像树枝一样堆叠在一起，形成别具一格的纹理效果，包覆建筑的部分立面和屋顶。小屋的外立面由1550块独立的构件（冷杉木制成的木板）组成。与德国的很多教堂或被列入遗产名录的传统建筑一样，冥想屋的屋顶也是采用镀锌板建造的。

通过设计，在庞大的森林与小型建筑之间的这个小屋拥有一种过渡性的规模和尺度，并成为人类融入森林的媒介。巧妙排列的木构件错落有致，当光线透过天窗射入室内时，便会重现森林中常见的光线效果——叶隙间洒下的缕缕阳光。

住箱
JYUBAKO

项目地点：日本　　　　**完成时间：**2016年

合作伙伴：雪峰公司，KS设计公司，卢卡拉公司，联动力有限公司

建筑面积：11.6平方米　　**主要用途：**住宅

摄　　影：太田拓实摄影工作室

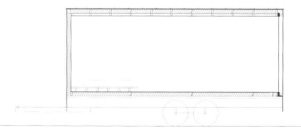

剖面图

住箱是由我们与日本著名的户外用品制造商雪峰公司合作开发制造的木质拖车房（移动房屋）。在设计过程中，一些监管规定限制了住箱的尺寸和重量，于是我们决定将门设于合适的位置，使其保持开放的状态，进而增加居住区域的空间。我们选择日本桧木制成的胶合板作为建材，不仅减轻了建筑的总体重量，还保证了建筑的强度。

整体设计采用了无拘无束的极简风格，将日常生活进行简化，只留下极少的必需品。隈研吾先生希望外部的风景能成为设计的亮点，于是增加了大型的窗口作为框景的装置。他说："我在设计中意识到应该让户外景观成为主角，因此刻意降低了住箱的装饰性。当你置身小屋之内并打开窗户时，高度不同的大窗口仿佛外部美景的画框，画框中的景色随着你的移动而变化万千。"

这一设计灵感是隈研吾先生在撒哈拉沙漠的一次旅行中萌生的，当时他还是一名在读的研究生。这种设计构思体现了游牧民族的生活方式。

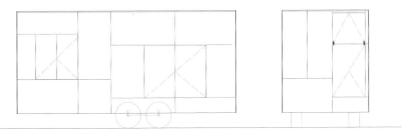

立面图

倾斜 OBLIQUE

根津美术馆
NEZU MUSEUM

项目地点：日本东京　　完成时间：2009年
合作伙伴：清水建设有限公司，国誉家具有限公司，清风苑酒店
建筑面积：4014平方米　　主要用途：博物馆
摄　　影：藤冢光正

这座美术馆位于东京的市中心，其别致的屋顶造型将室内空间与室外花园融为一体。通过巨大的玻璃窗口，室内的展示空间得以与花园、建筑和艺术品和谐相融。美术馆的四周环绕着郁郁葱葱的花园，一条通向建筑的小径两边长满了竹子。在设计中，我们重点关注的是创造一个精神上的艺术空间，为生活在喧嚣都市中的人们提供一个幽然清静的避风港。

勃朗峰大本营
MONT-BLANC BASE CAMP

项目地点：法国夏蒙尼   完成时间：2016年

合作伙伴：TOP Frederic Reinert公司，巴尔泰斯公司，EGIS Grand EST公司，AR-C工作室

建筑面积：2500平方米   主要用途：办公空间

摄   影：比阿特丽斯·卡弗里，CAUE摄影室，米歇尔·德南塞

该项目是为蓝冰公司总部设计的一座办公建筑。蓝冰公司是一家专门生产极限跳伞运动装备等各种户外运动产品的公司。人们在该建筑的所处之地就可以仰望雄伟的勃朗峰。

为了使建筑"消失"在周围的高山和森林环境中，建筑外墙和屋顶采用厚实的、带着树皮的橡木板进行建造，使建筑看上去如同森林中的树木。

屋顶设计得十分宽大，且与地形保持着一致的倾斜角度。在屋顶的下面，只有一个巨大的房间，阳光透过屋顶上木板的间隙为室内带来自然采光。整个建筑像是一个设置在林地中的露台。

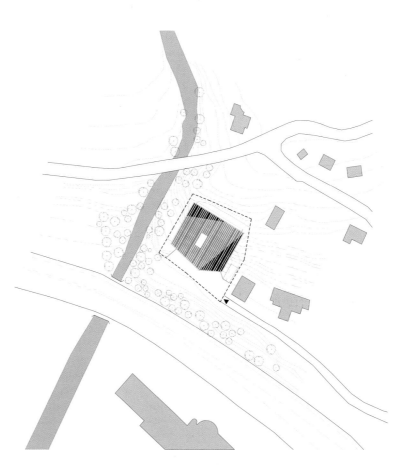

场地平面图

浅草文化观光中心
ASAKUSA CULTURE TOURISM INFORMATION CENTER

项目地点：日本浅草　　　完成时间：2012年
合作伙伴：牧野结构设计公司，Kankyo工程公司，伊角冈安灯光设计公司
场地面积：326平方米　　占地面积：234平方米
建筑面积：2160平方米　　主要用途：公共服务中心
摄　　影：山岸武司

浅草文化观光中心位于雷门（日本浅草寺大门）对面的一个街角，场地面积仅有326平方米。建筑需要容纳多种功能空间，包括旅游信息中心、会议室、多功能厅和展览空间等。

这座建筑犹如若干堆叠在一起的房屋，每层承担着不同的功能，在竖向上延伸了浅草热闹的街区。各种设备被放置在两层楼板之间的斜面空间内。我们通过这种处理方式，确保了较大的通风量，尽管该建筑的层高只是中高层建筑的平均高度。此外，这些楼板不仅将建筑划分成八个单层房屋，还影响着每一层的功能和用途。第一层和第二层设有中庭和室内楼梯。这两层楼板的坡度可以让人们感受到它们之间空间的秩序性。在第六层，我们利用倾斜的楼板设置了一个阶梯层，它可以作为观众席，使整个楼层空间成为一个观演场所。由于每一层的楼板向着雷门方向倾斜的角度不同，距离地面的高度也不相同，因此每一层与外部空间形成了不同的关系，也都呈现出各自不同的特色。

南立面图

西立面图

北立面图

东立面图

二层平面图

三层平面图

四层平面图

五层平面图

六层平面图

七层平面图

中国美术学院民俗艺术博物馆
CHINA ACADEMY OF ART'S FOLK ART MUSEUM

项目地点：中国杭州　　　　完成时间：2015年

合作伙伴：中国美术学院风景建筑设计研究院，P.T.森村联合有限公司，小西泰孝建筑构造设计事务所

场地面积：4970平方米　　　　占地面积：234平方米

建筑面积：2160平方米　　　　主要用途：博物馆，会议厅

摄　　影：加纳永一

这座民俗艺术博物馆坐落在中国美术学院校园内的一个山坡之上，这里曾经是一个茶园。在博物馆的设计中，为了让参观者能够感受到脚下连绵起伏的地势，我们让建筑的地面随着地形的坡度而高低起伏。为了应对复杂的地形，我们将场地的平面划分成若干个平行四边形的单元区域，每个单元区域都拥有独立的小屋顶，使整个博物馆从远处看去好像一个由连绵的瓦屋组成的小村庄。博物馆的外墙用不锈钢网挂瓦，这样不仅可以调节进入室内的光线，还可以产生变化丰富的阴影效果。建筑的外墙和屋顶使用的旧瓦片是我们从当地的房屋中收集的。这些瓦片大小不一，有助于建筑与地貌之间的自然融合。

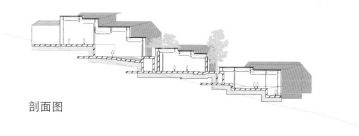

剖面图

波特兰日本庭院文化村
PORTLAND JAPANESE GARDEN

项目地点：美国波特兰　　完成时间：2017年

合作伙伴：哈克建筑事务所，内山贞文

建筑面积：1421平方米　　主要用途：文化中心，茶馆

摄　　影：杰里米·比特曼

波特兰日本庭院文化村的设计风格质朴，尺度宜人。四栋建筑围绕着一个中心广场而置，背靠着从20世纪60年代开始就坐落在这里的一座传统日本庭院。文化村位于从城市到山顶的路边，其形式类似于现代的门前町，来访者可以在这里表达对大自然的无限敬意。

文化村的四栋建筑分别是"漂浮"在阶梯式池塘之上的售票厅、悬浮在峡谷上方的茶馆，还有文化村主建筑和花园别墅。每栋建筑都以自己特有的方式融入地势陡峭的山势，与太平洋西北部高大的针叶树的垂直线条交织在一起。

虽然建筑的设计重点在于体现人类对自然景观的尊重，但是锯齿状的屋顶才是关键的结构元素。我们用软金属和茂盛的植被创造了向外伸出的屋顶，这是一种通透、模糊、灵活的边界，有利于应对波特兰阴晴不定的天气。

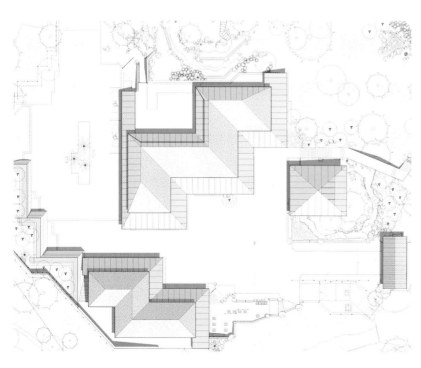

场地平面图

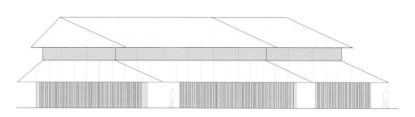

立面图

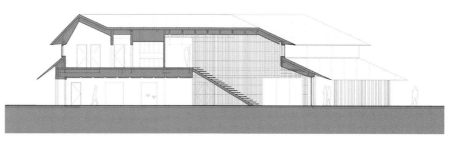

剖面图

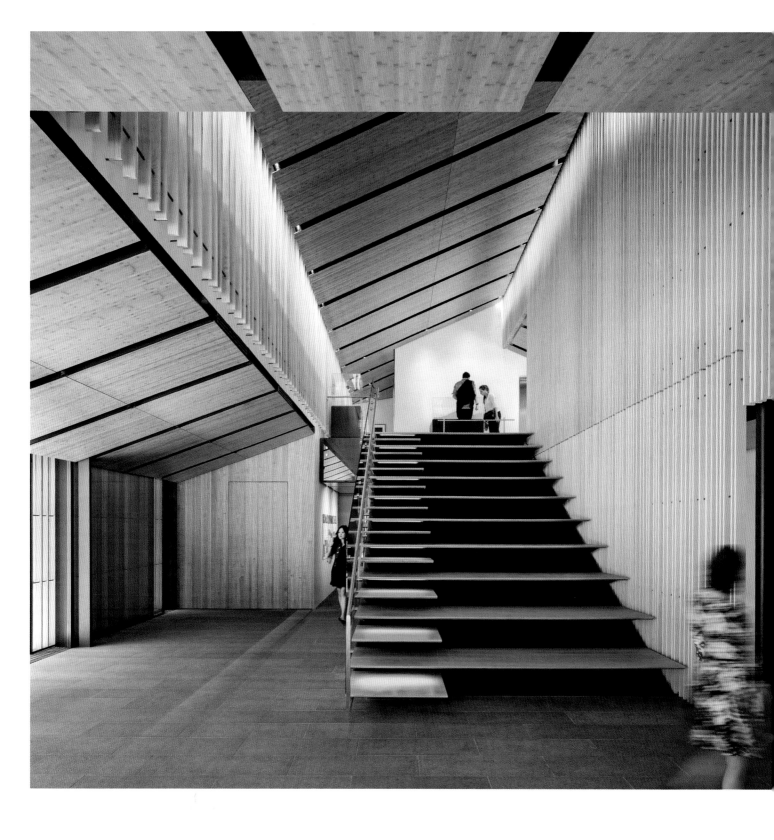

石板城堡
STONE CARD CASTLE

项目地点：意大利维罗纳　　完成时间：2007年
建筑面积：104平方米　　　主要用途：展览空间
摄　　影：罗伯托·巴尔托洛梅，佩佩·梅斯托

应一家石材公司的要求，我们设计了一个展示塞茵那石产品的展馆。我们认为最好的设计方式就是将石材本身作为主要的建筑元素，因此我们尝试以各种形式表现石材的美感，同时还探索了一些新的可能性。

我们运用三角形原理，把三块10毫米厚的石板组合在一起，形成稳定的造型结构，然后重复运用这种三角形结构单元创造了一个巨大的空间体量，同时使其呈现出轻盈、曼妙的感观效果。虽然石板是一种沉重的材料，但是其青灰色的表面会给人以透明的视觉体验。

塞茵那石的密度和强度，以及均匀的几乎没有纹理的表面，使这种令人称奇的轻质石头看起来仿佛一种虚拟的物体。

相城阳澄湖游客集散中心
XIANGCHENG YANGCHENG LAKE TOURIST TRANSPORTATION CENTER

项目地点：中国苏州　　　完成时间：2018年
合作伙伴：JNYZ建筑设计有限公司
建筑面积：6848平方米　　主要用途：公共服务中心，船坞，零售店
摄　　　影：伊利塔·阿塔利，萧泽厚

这是为阳澄湖修建的港口码头。阳澄湖以出产大闸蟹而广为人知，这座建筑的主要功能是作为游客中心和零售空间，同时还可以作为船坞使用。我们在湖畔建造了一个形似大山的地貌构造，将挤压成型的单一截面铝材随机放置，塑造出一个双层屋顶。这座双层屋顶建筑与一座桥相连，游客们可以通过此桥进出滨水区域。中心的室内几乎是各种倾斜地面的组合，保持了与室外一致的地形，并且创造出一种随机、自然、模糊不定的状态。

COMICO 美术馆 /COMICO 艺术之家
COMICO ART MUSEUM YUFUIN / COMICO ART HOUSE YUFUIN

项目地点：日本大分县 　　完成时间：2017年
合作伙伴：奥雅纳工程顾问公司，Placemedia景观设计公司
建筑面积：999平方米 　　主要用途：博物馆，娱乐及培训设施
摄　　影：藤冢光正

COMICO艺术之家是企业为员工修建的度假和娱乐设施，与COMICO美术馆相邻。为了在河边形成一个小村庄的格局，我们将其划分为三座建筑。美术馆与度假建筑之间没有明确的边界，因为我们想打破艺术和自然之间的界限，将私人与公共区域整合为一个松散的建筑群。我们特别考虑了建筑的布局和间距，以确保每座花园和露天浴场都拥有观赏由布山美景的最佳视野。同样出于这方面的考虑，我们在建造屋顶的时候将薄钢板以斜角方式排列，并指向由布山（类似大雁飞行的队列）。我们分别采用了木材、泥土和竹子作为这三座建筑的室内装饰材料，以探索这些材料的应用潜力。

屋顶 / 鸟巢
ROOF / BIRDS

项目地点：日本长野县　　完成时间：2016年
合作伙伴：小西泰孝建筑构造设计事务所，P.T森村联合有限公司，笹泽建设
建筑面积：478平方米　　主要用途：别墅，酒店
摄　　影：堀越圭晋/SS东京摄影工作室

这是一座为热爱艺术的人士建造的宾馆，它坐落在森林中的一个斜坡之上，人们可以在那里俯瞰著名的野鸟栖息地——浅间山。

为了将建筑对森林的影响降至最小，我们把建筑划分为若干个单元区块，根据其与周边景观的关系，每个单元的屋顶形成或关闭或开放的状态，看上去就像一群飞鸟的翅膀。

为了尽量确保地面的通透性，我们用一种截面为65平方毫米的实心钢柱来支撑屋顶的木制托梁，这是我们所能采用的最细的钢柱。这一做法最大限度地减小了建筑的体量，使其看似飘浮在森林之中。

日本新国家体育馆
JAPAN NATIONAL STADIUM

项目地点：日本东京　　完成时间：2019年
合作伙伴：大成建设有限公司，梓设计有限公司
建筑面积：194 000平方米　　主要用途：体育馆
摄　　影：日本体育协会

这是一个备受期待的体育场馆开发项目，我们在设计中展示了一个由多层屋檐构成的外立面。每层屋檐的下方都安装了木制窄边百叶窗，以现代的方式展现日本传统建筑中的美丽屋檐。

我们使用了宽度为105毫米的杉木方材，这是日本最常见的方材规格之一。每根方材被劈成三个30毫米厚的部件，用来制作这些百叶窗。为了保证屋檐尺度宜人，根据场所的不同，百叶窗的设计也会有所不同。

体育场的屋顶采用了由钢梁组成的桁架结构，并使用了横截面大小适中的层压木材，利用木料的轴向刚度将屋顶在遇到强风或地震时的变形程度降至最低。

薄膜　MEMBRANE

浮庵
FLOATING TEA HOUSE

项目地点：日本静冈　　　完成时间：2007年
合作伙伴：2007世界茶文化节
建筑面积：7平方米　　　主要用途：茶馆
摄　　影：浅川悟志

它看似一个茶屋，其实是一种虚拟现实装置，你可以在那里创造与真实世界完全隔绝的各种虚拟现实。我们设计浮庵的目的是营造一种"飘浮"的感受。为了实现这一目标，我们制造了一个充满氦气的巨大气球，并用一种叫作"羽幻纱"的超轻布料将气球遮住，这种布料每平方米只有11克重。材料的重量抵消了氦气球向上的浮力，在没有墙壁和支柱的情况下形成了一个完美平衡的空间，它看上去犹如日本传说中的天使仙衣。这是一个极其精巧的临时建筑，置身其中，仿佛可以随风飘向心中的向往之地。

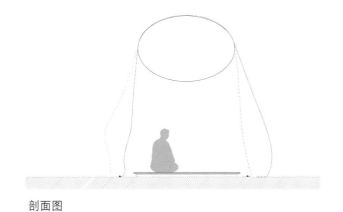

剖面图

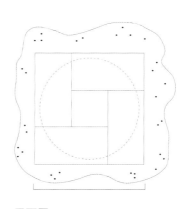

平面图

800 年后的方丈庵展馆
HOJO-AN PAVILION
AFTER 800 YEARS

项目地点：日本京都　　完成时间：2012年
建筑面积：7平方米　　主要用途：临时展馆
摄　　影：丹羽丽

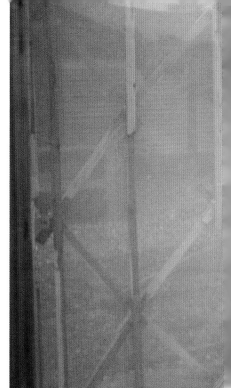

鸭长明（1155—1216）是《方丈记（Hojo-ki）》的作者，他当时居住的小屋常被人们描述为日本紧凑型住宅的原型。该项目旨在通过创造一个现代版的小屋，以现代的思想和建造方法向原始的小屋表达敬意。我们的选址位于下鸭神社的周边地区，据说八百年前的鸭长明正是在这里建造了他的小屋。

"方丈"一词在日语中意指简陋的小屋，因此我们以方丈庵为这一项目命名。这是一座面积约为3米×3米的小屋，人们在其中可以近距离感受到大自然的气息，追溯日本住宅的历史起源。

在日本中世纪的动荡时期，鸭长明为自己建造的方丈庵是一座可移动的住宅。为了突出强调他的"移动性"理念，我们运用了ETFE塑料板，这种材料可以卷起来，十分便于携带。

我们把磁力强大的磁铁固定在一个由杉木木梁构成的网格框架上，然后利用磁铁将塑料板拼成一个夹层结构。三块柔软的塑料板组合成一个单元，最终形成了一个坚固的立方体小屋。

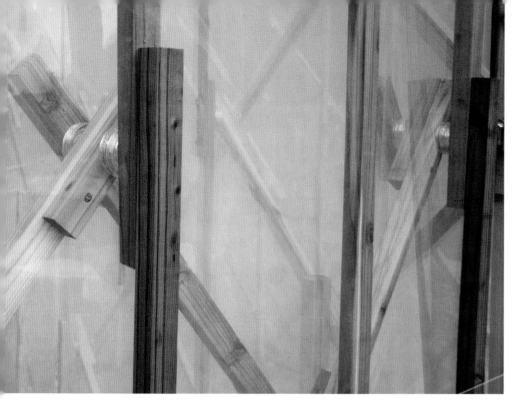

   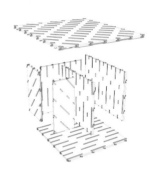

卷起的塑料板   通过磁铁接合   塑料板→墙壁、地板、屋顶

组装图

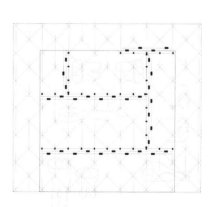

平面图

织部茶屋
ORIBE TEA HOUSE

项目地点：日本岐阜　　完成时间：2005年
建筑面积：8平方米　　主要用途：茶馆
摄　　影：阿野太一

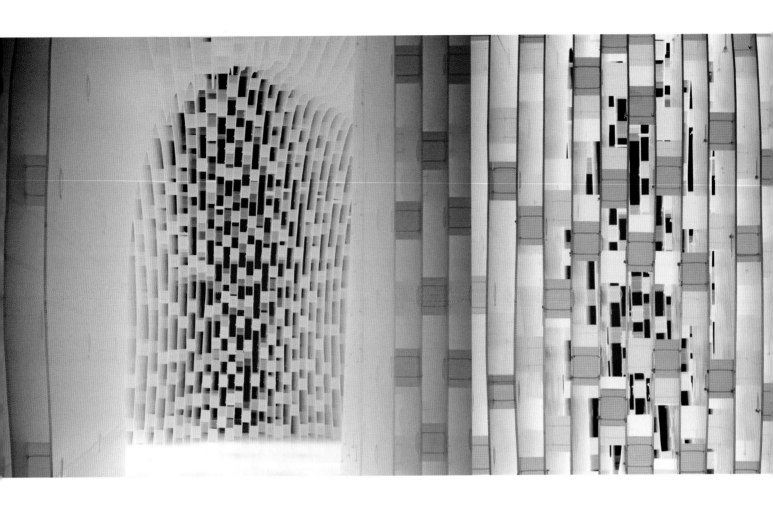

这是一座临时性的可移动茶屋。为了建造这座茶屋，我们将5毫米厚的瓦楞塑料板以65毫米的间隔放置，再用捆扎带将其固定在一起。一旦将捆扎带松开，茶屋会立刻变为一堆组装材料，十分便于移动。茶屋的形状类似于一个形状不规则的蚕茧，对古田织部为茶道制作的异形茶碗表达敬意。

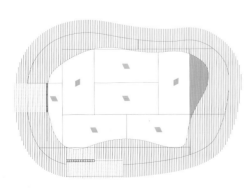

平面图

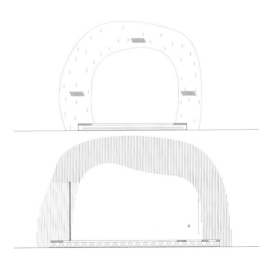

剖面图

高轮门户站
TAKANAWA
GATEWAY STATION

项目地点：日本东京　　完成时间：2020年
合作伙伴：JR东方设计公司
建筑面积：3970 平方米　　主要用途：车站
摄　　影：东日本铁路公司

这个位于东京的新站是山手环线的第30个车站，原计划于2020年东京奥运会期间投入运营。高轮门户站与站前13公顷土地上正在开发的新城相接，其站名的选择表达了人们希望它能成为东京新的海陆门户的愿望。

一个巨大的薄膜结构屋顶被安置在车站上方，并向新城方向延伸，将二者联系起来。这个巨大的薄膜屋顶由一个用钢梁和日本杉木层压构件制成的折纸形框架支撑着。

与传统车站不同的是，该车站的天花板很高，内部空间明亮而开阔。木制框架和白色薄膜的结合会令人联想到日本传统的手工纸制屏风——障子。

墙壁上的木板铺装使用了一种叫"大和贴"的传统日本技术，从而形成不那么平整的墙面，创造了近人尺度的温暖空间。

会呼吸的雕塑
BREATH/NG

项目地点：意大利米兰　完成时间：2018年
合作伙伴：达索系统公司　罗斯加德工作室　舒伯乐公司
建筑面积：124平方米　主要用途：展览空间　装置
摄　　影：达索系统公司　隈研吾建筑都市设计事务所

在米兰设计周上，我们与来自全球各地的设计思想领袖们共同探讨了如何应对我们这个世界所面临的最大威胁之一——气候变化问题，同时希望以基于解决问题的设计构建一个更美好、更具可持续性的未来。

达索系统公司举办的这个"体验时代的设计"活动，要求设计师们在创作过程中使用能够中和现有污染物的材料。我们在体验中心创造了一个空气净化装置——"会呼吸的雕塑"（Breath/NG）。该装置采用完全沉浸式的概念，探索将设计与技术相融合所能产生的解决方案。我们研究了用一种独特、柔顺的材料来创造网络和造型的概念。

这个6米高的螺旋式装置由一系列单一的结构单元——120个手工折叠的"呼吸"镶板组成。这种板子是一种高科技织物，里面包含一个纳米分子激活的核心装置，可分离、吸收污染物和有毒物。整个装置悬挂在一根碳纤维棒上，并用46个独特的3D打印接头固定，这些接头是用惠普多射流熔融三维打印机制作的。这种由Anemotech公司开发的织物利用空气的自然流动来净化周围环境，使环境变得更加清新透气。整个装置由175平方米的"呼吸"材料组成，每年可吸收约9万辆汽车排放的挥发性有机化合物。

PERFORATION

洞孔

贝桑松艺术中心与音乐城
BESANÇON ART CENTER AND CITÉ DE LA MUSIQUE

项目地点：法国贝桑松　　　完成时间：2012年
合作伙伴：城市社区，弗朗什县政府，贝桑松市政府
建筑面积：11 925平方米　　主要用途：艺术中心
摄　　影：尼古拉斯·沃尔特福格尔

贝桑松艺术中心与音乐城是一个文化和艺术综合项目，位于法国贝桑松市。贝桑松是一座历史悠久的城市，其建于17世纪的坚固城墙在2008年被联合国教科文组织列入"世界遗产名录"。该项目所在的狭长地带位于杜河的沿岸，从贝桑松的一座地标性建筑——星形碉堡可以看到这里。在规划方案中，我们保留了那些曾经作为要塞的五角形建筑（位于规划用地的两端）和建于20世纪30年代的砖砌仓库，并通过一个屋顶将它们连接起来。长长的屋顶沿着水流平缓的河流延伸，下面覆盖着两个不同的项目——艺术中心和音乐城，诸如通道、露台和花园这样的外部空间也被嵌入其间。屋顶由植物、玻璃和金属面板，以及太阳能电池板组成，形成了一种自然主题的马赛克图案，让人们可以在室内柔和的光线下舒适地度过美好的时光。屋顶上的马赛克图案一直延伸到外墙之上，产生了奇妙复杂的光影效果，渗透整个空间。我们希望这个屋顶能够将不同的建筑、不同时代的奇思妙想和大自然融合在一起。

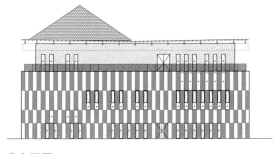

北立面图

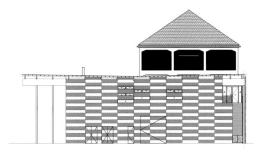

南立面图

229

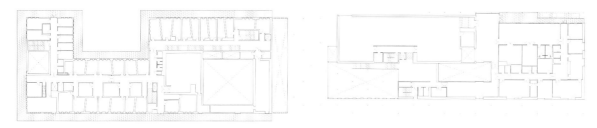

三层平面图

二层平面图

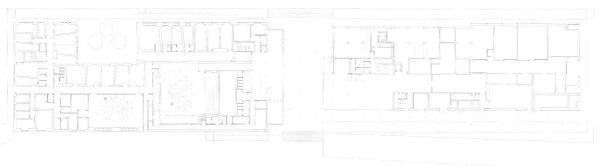

一层平面图

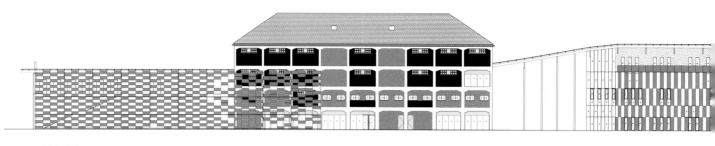

西立面图

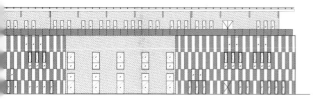

富山玻璃美术馆
TOYAMA KIRARI

项目地点：日本富山　　　完成时间：2015年

合作伙伴：金泽美术馆，MIYOI建筑研究所，清水建设有限公司，佐藤工业有限公司

建筑面积：26 792平方米　　　主要用途：博物馆，图书馆，银行

摄　　影：SS摄影工作室，中村甲斐

富山玻璃美术馆位于富山市的中心地带，是一座集玻璃美术馆、城市图书馆和当地银行于一体的建筑。

建筑中部的斜向空间不仅有效地分散了来自南面的自然光线，还连通起三个主要的功能区域。当地出产的硬杉木木板环绕在这个空间的四周，营造了一种温暖、友好的氛围，使建筑成为名副其实的社区交流中心。

通过这个中部空间，玻璃美术馆和城市图书馆自然地衔接起来，从而消除了传统公共空间冷淡、刻板的固有印象。

维多利亚与艾尔伯特博物馆邓迪分馆
V&A DUNDEE

项目地点：英国邓迪　　　　**完成时间：**2018年

合作伙伴：詹姆斯·F.史蒂芬建筑事务所，PiM建筑事务所，奥雅纳工程顾问公司

建筑面积：8900平方米　　　**主要用途：**博物馆，商店，工作室，咖啡厅

摄　　影：罗斯·弗雷泽·麦克莱恩，Hufton＋Crow摄影工作室

英国维多利亚与艾尔伯特博物馆的新馆坐落在苏格兰北部城市邓迪的滨水区。它是苏格兰地区第一家设计博物馆，也是推广苏格兰文化的基地。

该建筑正对着流经邓迪南部的泰河。按照我们提出的新型建筑理念，建筑结构将突出于水平面之上，与自然环境和周围景观融为一体。但苏格兰北部奥克尼岛美丽的悬崖引起了我们的兴趣，我们希望通过建筑来表达大自然的鬼斧神工，于是提出了一个想法——将长长的预制混凝土板以不同的角度层叠在一起，创造一种差别细微、动感十足的立面外观。多亏了先进的参数化设计系统，使我们能够在这里实现这一目标。

我们在建筑的中部开设了一个空洞，从而将泰河优美的自然景色与穿过邓迪市中轴线的繁华的联合大街街景交织在一起。邓迪曾经是苏格兰地区最繁华的港口城市，但是一批建于20世纪的仓库切断了泰河与城市之间的关系，因此拆除这些仓库不但可以复兴该城的核心区域，还可以使这个博物馆成为标志性建筑物。博物馆的空洞结构使城市中人们的活动延伸到了滨水区域，加强了人与自然的联系，这条河流又重新发挥了漫步长廊的作用。

在建筑的内部，自由连接的面板创造了一个轻松而开阔的空间。正如建筑的剖面图所示，随着空间向上延伸，游客们可以体验到一种独特的开放感，这是在其他博物馆的门厅内感受不到的。这里还可以举办音乐会和各种表演，使博物馆成为整个邓迪的社区文化中心。

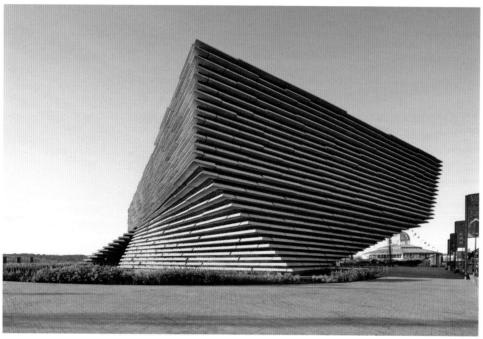

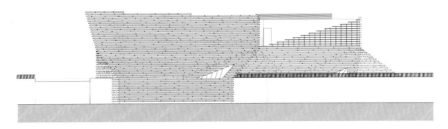

南立面图

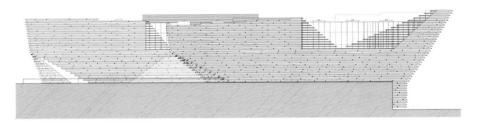

西立面图

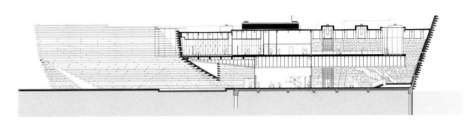

剖面图 1

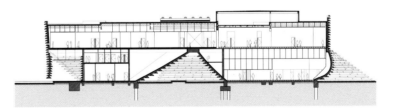

剖面图2

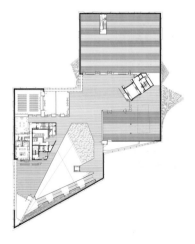

二层平面图

Information
Tickets
Café
Shop

时间
间
时
TIME

小松精练纤维研究所
KOMATSU SEIREN
FABRIC LABORATORY FA-BO

项目地点：日本石川　　　　**完成时间：**2015年

合作伙伴：江尻建筑构造设计事务所，Kankyo工程公司，清水建设有限公司

建筑面积：2873平方米　　　**主要用途：**办公空间，展览空间

摄　　　影：太田拓实摄影工作室

在这一项目中，我们对一座外形刻板的框架结构办公大楼进行了改造，将其转变成一座名为"织物实验室"的博物馆，为小松精练纺织公司提供了一个向世人展示其技术的展览空间。我们还采用了加强建筑抗震性能的措施——用碳纤维材料为建筑加固。众多细长的碳纤维棒覆盖在建筑的表面，在建筑的外围创造出织物帘的错觉，其间的空隙为人们提供了若干个入口。博物馆的室内也衬有用白色织物做成的帘幕。这种用热塑性碳纤维复合材料制成的纤维棒比铁的强度高7倍，这是该种材料首次被用于抗震加固。我们还从石川县地区的绳编技术中获得了灵感，使碳纤维的柔韧性进一步增强。

我们在建筑内部继续用这种碳纤维材料进行试验，探索各种应用的可能性。例如，我们用碳纤维制造了一条照明管道，同时在大楼的绿色屋顶覆盖了多孔陶瓷板（碳纤维生产过程中的副产品）。

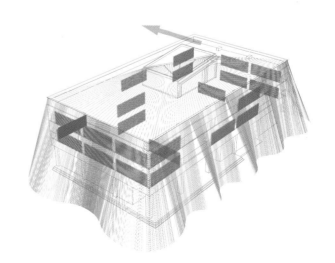

透视图

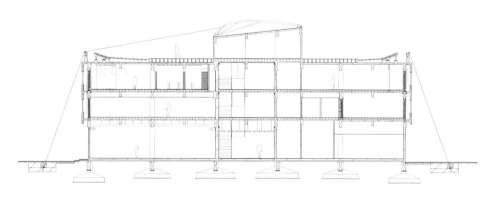

剖面图

一层平面图

二层平面图

三层平面图

屋顶平面图

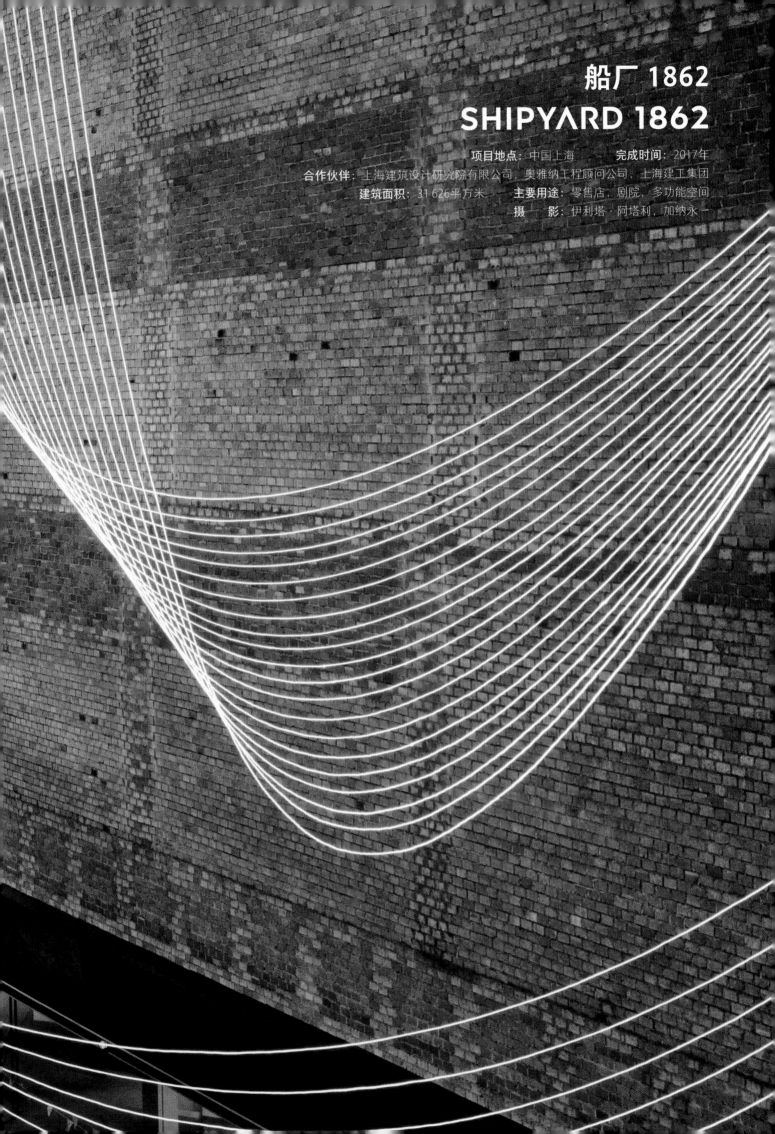

船厂 1862
SHIPYARD 1862

项目地点：中国上海　　　　完成时间：2017年

合作伙伴：上海建筑设计研究院有限公司，奥雅纳工程顾问公司，上海建工集团

建筑面积：31 626平方米　　主要用途：零售店，剧院，多功能空间

摄　　影：伊利塔·阿塔利，加纳永一

我们把这个位于上海黄浦江畔的废弃船厂（建于1972的砖结构建筑）改造成了一个全新的综合体项目。令人惊叹的砖墙后面完美地容纳了一座剧院和一个零售商店。

为了保持建筑的原有风格（追忆造船时代），我们设计了一个贯穿了整个建筑的30米高的空隙结构。这个空隙结构有助于游客欣赏和体验这里的原始风貌，而支撑着建筑的混凝土立柱进一步强化了这种效果。

外立面的西端是一层半透明的幕墙。幕墙是由固定在直径8毫米的不锈钢丝上的多孔砖块构成的，砖块的疏密变化为立面增添了一种渐进的层次感。

剧院位于建筑靠近江面的东端。在演出的过程中，舞台后方的幕帘可以打开，观众们可以透过一扇巨大的玻璃窗看到江面的景色。

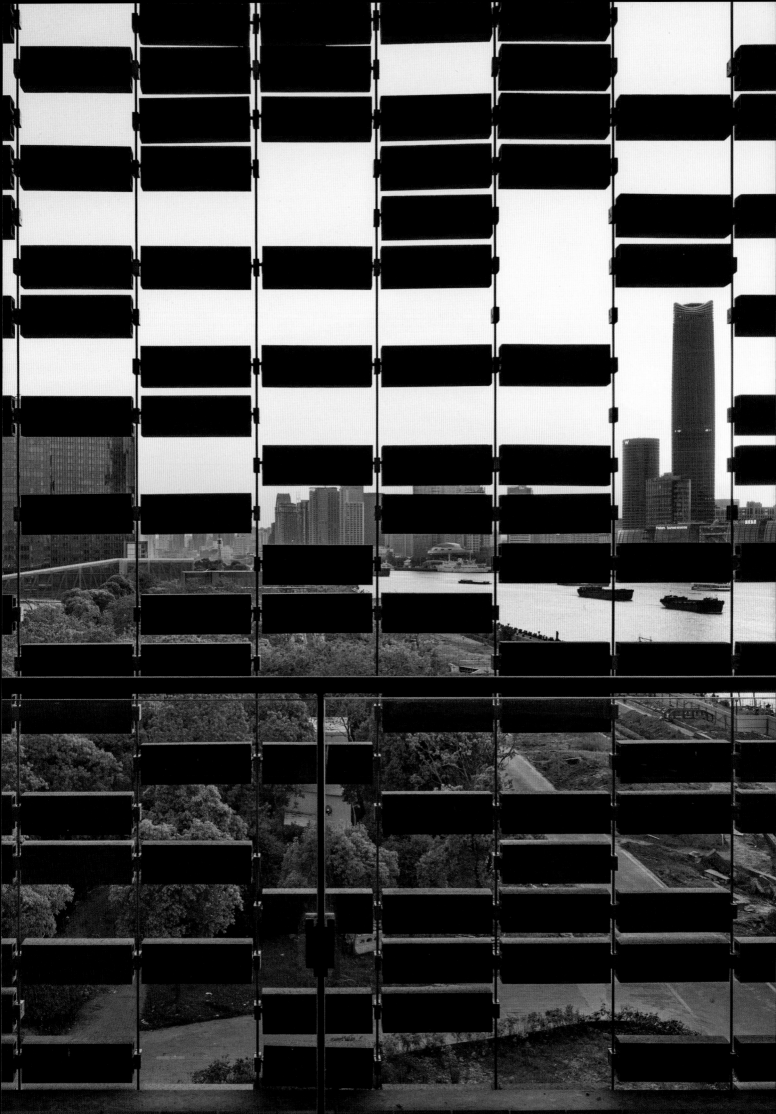

北京前门街区改造
BEIJING QIANMEN

项目地点：中国北京　　　　完成时间：2016年
咖啡厅面积：196平方米　　办公室面积：197平方米
主要用途：咖啡厅，办公空间
摄　　影：北京艺术中心，马克西姆·胡，隈研吾建筑都市设计事务所

在北京前门以东，靠近天安门广场和长安街的古老城区，我们对一座明清时期的四合院建筑进行了翻修改造。随着大城市人口的爆炸式增长，这些房屋住进了超过其承受能力的人口，因此，历史悠久的四合院变得如同棚屋一样破旧，甚至被称为大杂院。

我们的宗旨不是拆除这些建筑遗产，而是让整个区域重新焕发活力，成为一个开放的社区。我们试图将该地区改造成一个提供各种服务功能的城市景观区，包括办公室、住宅、商店、酒店和餐厅等设施。在这个过程中，我们尤为关注的是要尊重这些建筑结构的规模比例和传统。在前门北京艺术中心内，就有一个特别的改造实例。当地的木匠细心地将原始内部结构中腐朽、脆弱的木柱和木梁拆卸下来，经过修复后再重新装回原位。

该项目的外观结合了砖墙和玻璃幕墙，以及看似覆盖在建筑上的挤压成型的铝制屏风。这些元素与传统外墙悄然形成互补关系。经过我们的改造后，四合院临街一侧形成了开放的格局，呈现出一种可控的透明之感。我们还使用了两种简单的挤压成型的铝制部件，组装成类似拼图的造型。这样，我们就塑造了一种有机的图案，会令人联想起中式"花格窗"的花纹——一种在中国传统建筑的门窗上经常可以看到的图案。

在北京，以历史悠久的胡同和四合院为标志的时代一去不复返，大多数胡同和四合院已经被现代化的高层建筑所取代。我们在该项目中所做的一切都是为了振兴具有多种功能的低层房屋，以满足当今都市环境的需求。

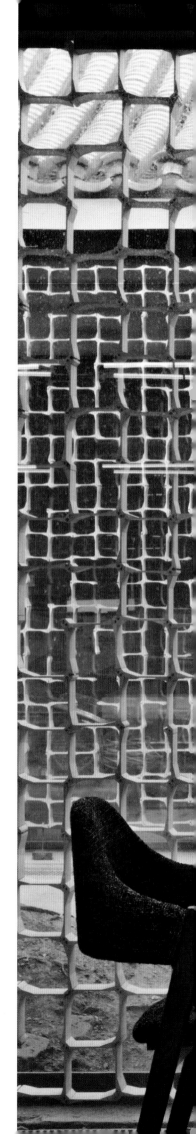

附 录 APPENDIX

KENGO KUMA: A BIOGRAPHY
隈研吾小传　　A BIOGRAPHY

隈研吾出生于1954年。受到丹下健三为1964年东京奥运会设计的代代木国家综合体育馆的影响，隈研吾从小就决心追求建筑艺术。长大后，他如愿以偿地进入东京大学学习建筑，成为原广司和内田祥哉的学生。在攻读研究生期间，他进行了一次穿越撒哈拉沙漠的研究之旅，探索沙漠中的村庄和定居点，领略了当地独有的力量与美。1979年，他获得了东京大学建筑学硕士学位。1985年至1986年，他通过亚洲文化协会以访问学者的身份在纽约哥伦比亚大学深造。1987年，他建立了空间设计工作室（Spatial Design Studio），随后，于1990年在东京创立了隈研吾都市设计建筑事务所。1998年至2008年期间，他还在庆应义塾大学担任教授一职，2008年在美国伊利诺伊大学香槟分校建筑学院任教，并于2009年成为东京大学建筑系研究生院教授。

专业认证及所属专业组织

庆应义塾大学博士

日本一级建筑师

法国国家注册建筑师

法国艺术及文学勋章

英国皇家建筑师学会国际会员

美国建筑师协会荣誉会员

隈研吾建筑都市设计事务所

屡获殊荣的隈研吾建筑都市设计事务所（简称KKAA）是首席执行官隈研吾于1990年创立的，其总部设在东京。目前，KKAA在全球范围内拥有近250名雇员，并在巴黎、北京和上海设有办事处。

KKAA拥有一支精通建筑、室内和景观等各个专业的设计团队，迄今为止，他们已经完成及正在进行的项目遍布5大洲、26个国家。无论项目在哪里，隈研吾都会亲自参与设计。KKAA以文化和市政建筑设计而闻名，但也做过很多装置、展览和城市开发项目。在实践中，KKAA通过建筑强化人类与项目环境、城市与自然之间的联系。在与来自不同国家、拥有不同文化背景的客户及团队合作时，KKAA的团队显示出了丰富的国际经验以及极高的工作效率和灵活性。为了使工作能够顺利进行，KKAA不仅与当地的建筑事务所和设计团队广泛地合作，还与当地的施工团队和工匠密切协作。

KKAA将每一个项目都视为一次难得的机遇和挑战，因为每一个项目都有自己独特的需求、环境、气候和用户。正是每个项目的特殊性为设计提供了灵感，因此在每个项目开始时，KKAA更倾向于先倾听和感受，而不是先入为主地做出任何决定。可以说，KKAA的每一个作品都是量身定制的，也是与众不同的。KKAA标志性的工作方法之一，是在宏观（地形/土地、城市、建筑体量）和微观（材料、细节、技术），以及介于两者之间的尺度上同时进行调查和研究。在设计中，人性化的尺度是必要的，与周围环境的连续性也是至关重要的。设计仅仅是一种将物体放置在适当的位置并进行调整的方法。建筑是各种关系的介质，而自然则是一切。

KKAA的团队继承了一种改良后的日本工艺美术传统，在制造、施工和技术中融入了深厚的文化特质，包括对局部细节和技术的可能性进行积极调查，对区域材料深入研究，以及始终注意设计的触感和纹理。这种建筑研究方法依赖于以周期性和高度互动的方式进行的迭代和选项分析，具有高度的特定性，并且只能在给定的时间和地点才能产生相应的效果。

KKAA以同时研究宏观和微观尺度来实施项目，因此，在设计的早期阶段，就要探索城市环境、人类行为以及有形材料的规模等设计因素，以确保质量和成本得到很好的控制，并满足功能和程序的需求。KKAA在全球各式各样的项目中积累了大量的经验，并通过融入日本制造业的工艺美术文化，形成了独特的设计开发方法。他们具有丰富的专业知识及创新的研究精神，在设计的早期阶段，他们会与顾问及合作伙伴商量如何运用现场材料并制定各种细节。

KKAA的团队还使用当地可用的天然材料，如木材、石头或纸张等，试图赋予建筑温暖和柔情。为了使建筑进一步与周边环境融合，KKAA的设计团队非常重视景观、当地文化和建筑之间的统一，并始终关注建筑的内饰、家具和配件等细节所能产生的和谐共鸣。实践证明，只有让场所和建筑之间形成密切的关系，才能创造出用户喜爱并感到舒适的建筑。

隈研吾的主要作品包括长崎县美术馆（日本长崎县，2007年）、三得利美术馆（日本东京，2007年）、根津美术馆（日本东京，2009年）、贝桑松艺术中心与音乐城（法国贝桑松，2012年）、马赛当代艺术中心（法国马赛，2013年）、达律斯·米约音乐学院（法国普罗旺斯地区艾克斯，2013年）、麦克唐纳大道教育与运动综合设施（法国巴黎，2014年）、中国美术学院民俗艺术博物馆（中国杭州，2015年）、洛桑联邦理工学院校区的艺术实验室（瑞士洛桑，2016年）、维多利亚与艾尔伯特博物馆邓迪分馆（英国邓迪，2018年）、日本国家体育馆（日本东京，2019年）。

奖励与勋章

1994年　日本优良设计奖：梼原町游客中心

1995年　JCD文化及公共机构设计大奖：龟老山展望台

1997年　日本建筑学会奖第一名：森舞台

美国建筑师协会杜邦·班尼迪克特斯大奖：水/玻璃

日本高知县地区设计大奖：梼原町游客中心

1999年　波士顿建筑师协会未建成建筑设计奖荣誉奖（竞赛）

2000年　日本建筑学会奖东北地区设计大奖：河流/过滤装置

国际内部空间设计大奖：北上运河博物馆

日本林野厅长官奖：那珂川町马头广重美术馆

2001年　日本村野藤吾奖和日本建筑学会奖：那珂川町马头广重美术馆

2002年　芬兰自然木造建筑精神奖（限研吾个人奖）

2005年　世界大理石建筑奖东亚外立面装饰奖一等奖：长崎县美术馆

2007年　细部奖特别奖和最佳全球新设计国际建筑奖：Chokkura广场和凉亭

2008年　法国能源表现建筑奖（限研吾个人奖）

英国阿联酋绿叶奖年度最佳公共建筑：三得利美术馆

法国Bobat奖：SAKENOHANA餐厅

2009年　法国艺术与文学勋章（限研吾个人奖）

2010年　每日艺术奖：根津美术馆

2011年　日本文部科学省艺术激励奖：梼原町木桥博物馆

2012年　日本优良设计奖：浅草文化观光中心、长冈市政厅

日本照明工程学会优秀照明设计：长冈市政厅

2013年　石川县优秀景观奖地方长官奖：太阳丘幼儿园

日本免震构造协会奖：长冈市政厅

2014年　日本建筑学会设计奖和特殊贡献奖：长冈市政厅

2016年　法国木建筑国家奖一等奖：勃朗峰总部基地

2017年　日本优良设计奖：住箱

德国标志性设计奖年度项目奖：中国美术学院民间艺术博物馆

加拿大木结构设计大奖评委选择奖：温哥华茶室

2018年　Wallpaper*设计大奖最佳立面奖：维多利亚与艾尔伯特博物馆邓迪分馆

展览

1992年　东京专栏个展，M2（马自达汽车展厅），日本东京

1993年　迷宫之城，塞森当代艺术博物馆，日本东京；筑屋厅，日本兵库县尼崎市

1995年　传输的速度个展，MA画廊，日本东京

　　　　威尼斯双年展，意大利威尼斯

1996年　米兰三年展，意大利米兰

1997年　虚拟建筑，东京大学博物馆，日本东京

2000年　威尼斯双年展，意大利威尼斯

　　　　建筑实验室展览会，法国奥尔良

2001年　日本前卫派：现实的映射，16位年轻的日本建筑师，英国皇家建筑师协会，英国伦敦

2002年　建筑实验室展览会，法国奥尔良

　　　　威尼斯双年展，意大利威尼斯

2004年　竹尾纸展览会：触感的觉醒，螺旋大厦，日本东京

　　　　威尼斯双年展，意大利威尼斯

　　　　2004—2005年欧洲及亚太地区建筑新趋势展，法国里尔

　　　　隈研吾个展：失败的建筑，松屋银座，日本东京

　　　　丹羽个展：粒子的响应，新大谷花园酒店，日本东京

　　　　日本和波兰3_2_1新建筑展览会，曼加日本艺术与技术博物馆，波兰克拉科夫

　　　　建筑实验室展览会，森美术馆，日本东京

2005年 织部茶屋，美浓陶瓷公园，日本岐阜县多治见

Entrez Lantement, E-11117展，意大利米兰

隈研吾个展：传统与创新之间的建筑，意大利锡拉库萨、米兰、那不勒斯，瑞典斯德哥尔摩

EXTREME EURASIA展，螺旋大厦，日本东京

KRUG × KUMA = ∞展，原美术馆，日本东京

隈研吾实物模型个展，GA画廊，日本东京

2006年 GA国际展，GA画廊，日本东京

ArchiLab展，法国奥尔良

2007年 意大利蒙达多里米兰百年设计解码元素展，斯福尔扎城堡，意大利米兰

施华洛世奇水晶宫展，施华洛世奇水晶宫,意大利米兰

米兰东京设计师周（荣获东京设计奖），东京设计室，意大利米兰

三井不动产住宅Tsunagu展，三井不动产住宅展位，意大利米兰

两条鲤鱼：水/陆—村庄/城市现象学，芭芭拉·卡波科钦双年展，拉吉奥内宫，意大利帕多瓦

2008年 纽约现代艺术博物馆住家速递——预制现代住宅展，美国纽约

伞之家，米兰国际家具展，意大利米兰

第11届国际建筑双年展，意大利威尼斯

无形的材料个展，I-空间美术馆，美国芝加哥

2009年 东京纤维'09感性体米兰三年展，意大利米兰

2010年 陶瓷的阴阳，米兰国际家具展，意大利米兰

空气砖，上海美术馆，中国上海

2011年 泡沫屋，堂岛川双年展，日本大阪

2012年 800年后的方丈庵，日本京都

2013年　米兰城市规划方案《自然景观》，米兰国际家具展，意大利米兰

　　　　竹制隧道Nangchang Nangchang，光州双年展，韩国光州

2017年　隈研吾：Eterno Efêmero 展，巴西圣保罗

2018年　隈研吾：材料实验室，中国上海和日本东京

专著和出版物

1990年　隈研吾，《十宅论》（*10 Houses*）重印版，筑摩书房，日本东京（该书的第一版于1986年由Toso出版社出版）

1994年　隈研吾，《建筑史与意识形态导论》（*Introduction to Architecture-History and Ideology*），筑摩书房，日本东京

隈研吾，《建筑的欲望之灾》（*Catastrophe of Architectural Desire*），新阳社，日本东京

1995年　隈研吾，《超越建筑的危机》（*Beyond the Architectural Crisis*），TOTO出版社，日本东京

1997年　隈研吾，《数字园艺》（*Digital Gardening*），《空间设计》（*Space Design*）特刊，鹿岛出版社，日本东京

1999年　隈研吾，《自然几何学》（*Geometries of Nature*），L'arca Edizioni出版社，意大利米兰

2000年　隈研吾，《日本建筑师38》（*The Japan Architect 38*），新建筑社出版，日本东京

隈研吾，《反造型》（*Anti-Object*），筑摩书房，日本东京

2004年　隈研吾，《材料、结构和细节》（*Materials, Structures, Details*），彰国社，日本东京，以及Birkuhauser出版社，瑞士巴塞尔

隈研吾，《负建筑》（*Defeated Architecture*），岩波书店，日本东京

2005年　波同德·伯格纳，《隈研吾建筑作品选》（*Kengo Kuma: Selected Works*），普林斯顿建筑出版社，美国纽约

2006年　《隈研吾》（*Kengo Kuma*），Edil Stampa出版社，意大利罗马

路易吉·阿利尼，《隈研吾作品和项目》（*Kengo Kuma: Works and Projects*），Mondadori Electa出版社，意大利米兰

2007年　《隈研吾》（*Kengo Kuma*），C3杂志，韩国首尔

《隈研吾：演讲与对话》（*Kengo Kuma: Lecture and Dialogue*），INAX出版社，日本东京

2008年　沃尔克·菲舍尔和乌尔里希·施耐德，《隈研吾：呼吸的建筑》，Birkhauser出版社，德国柏林

隈研吾和清野由美，《新·都市论东京》（*Shin Toshi-ron Tokyo*），集英社，日本东京

《隈研吾：自然的建筑》（*Kengo Kuma: A Natural Architecture*），岩波书店，日本东京

马可·卡萨蒙蒂，《隈研吾》（*Kengo Kuma*），Motta Architettura出版社，意大利米兰

2009年　《有机性研究》（*Studies in Organic*），TOTO出版社，日本东京

波同德·伯格纳，《无形的材料》（*Material Immaterial*），普林斯顿建筑出版社，美国纽约

2010年　《NA建筑师系列2：隈研吾》（*NA Architect Series 02 Kengo Kuma*），日经商业出版社，日本东京

2014 年　隈研吾，《小建筑与自然建筑》（*Small Architecture Natural Architecture*，阿尔弗雷德·伯恩鲍姆译），建筑联盟学院，英国伦敦

2018年　肯尼斯·弗兰姆普敦，《隈研吾作品全集》（*Kengo Kuma: Complete Works*）（第二版），泰晤士与哈德逊出版社，英国伦敦

2019年　隈研吾，《负建筑》（*Architecture of Defeat*）（第一版），劳特利奇出版社，英国伦敦

INDEX OF PROJECTS
项目索引

LIST OF NAMES
主要人名和机构名译名表

人名

阿莱西奥·瓜里诺 Alessio Guarino

阿野太一 Daici Ano

爱德华·卡鲁索 Edward Caruso

安德烈·马尔罗 André Malraux

比阿特丽斯·卡弗里 Béatrice Caferi

大野大志 Daichi Ano

丹羽丽 Rei Niwa

加纳永一 Eiichi Kano

杰里米·比特曼 Jeremy Bitterman

勒·柯布西耶 Le Corbusier

罗伯托·巴尔托洛梅 Roberto Bartolomei

罗斯·弗雷泽·麦克莱恩 Ross Fraser McLean

马丁·米什库利尼 Martin Mischkulnig

马克西姆·胡 Maxim HU

米歇尔·德南塞 Michel Denancé

内山贞文 Sadafumi Uchiyama

尼古拉斯·沃尔特福格尔 Nicolas Waltefaugle

尼桑电子 Nissan Electric

佩佩·梅斯托 Peppe Maisto

浅川悟志 Satoshi Asakawa

山岸武司 Takeshi Yamagishi

汤村辉彦 Teruhiko Yumura

藤冢光正 Mitsumasa Fujitsuka

西川正雄 Masao Nishikawa

萧泽厚 Tsehou Hsiao

伊利塔·阿塔利 Erieta Attali

中村甲斐 Kai Nakamura

佐藤淳 Jun Sato

机构名

P.T.森村联合有限公司 P.T. Morimura & Associates, LTD.

澳派景观设计工作室 ASPECT Studios

奥雅纳工程顾问公司 Arup

巴尔泰斯公司 Barthes

北京艺术中心 Beijing Center for the Arts

贝桑松市政府 Ville de Besançon Archidev

城市社区 Communauté d'agglomération

川澄/小林研二摄影事务所 Kawasumi/Kobayashi Kenji Photograph Office

大成建设有限公司 Taisei Corporation

大光电机有限公司 Daiko Electrics

达索系统公司 Dassault Systèmes

大旺新洋有限公司 Daio Shin-yo

东日本铁路公司 East Japan Railway Company

弗朗什县政府 Franche Comté

关西设备有限公司 Kansai Setsubi

国誉家具有限公司 Kokuyo Furniture

哈克建筑事务所 Hacker Architects

济州岛乐天度假村 Lotte Jeju Resort

金泽美术馆 RIA Kanazawa

江尻建筑构造设计事务所 Ejiri Structural Engineers

九电工有限公司 Kyu-den Ko

堀越圭晋/SS东京摄影工作室 Keishin Horikoshi/SS Tokyo

蓝冰公司 BLUE ICE

乐天工程建设公司 Lotte Engineering & Construction

联动力有限公司 Link Power

联实集团 Lendlease

卢卡拉公司 Lukura

罗斯加德工作室 Studio Roosegaarde

洛可可景观设计事务所 Rocco Landscape Design

洛伊斯工作室 Studio Lois

牧野结构设计公司 Makino Structural Design

清风苑酒店 Seifuen

清水建设有限公司 Shimuzu Corporation

庆应义塾大学理工学部系统设计工程系 Department of System Design Engineering, Faculty of Science and Technology，Keio University

日本设计中心公司 Nippon Design Center Inc.

日本体育协会 Japan Sport Council

上海建工集团 Shanghai Construction Group

松井建设有限公司 Matsui Construction

舒伯乐公司 Superflu

太田拓实摄影工作室 Takumi Ota Photography

笹泽建设 Sasazawa Kensetsu

图里与瓦莱特事务所 Toury et Vallet

未来结构工程公司 Mirae Structural Engineers

隈研吾建筑都市设计事务所 Kengo Kuma and Associates

西格玛设施设计公司 Sigma Facility Design

雪峰公司 Snow Peak

小西泰孝建筑构造设计事务所 Konishi Structural Engineers

伊角冈安灯光设计公司 Isumi Okayasu

原设计研究所 Hara Design Institute

詹姆斯·F.史蒂芬建筑事务所 James F Stephen Architects

昭和电机 Showa Denki Kogyo

照明规划师联合事务所 Lighting Planners Associates

中国美术学院风景建筑设计研究院 The Design Institute of Landscape & Architecture China

中田胜雄事务所 Katsuo Nakata & Associates

梓设计有限公司 Azusa Sekkei

佐藤淳结构设计事务所 Jun Sato Structural Engineers

佐藤工业有限公司 Sato Kogyo

佐藤秀建筑事务所 SATOHIDE Corporation Academy of Art Co. Ltd.

图书在版编目（CIP）数据

隈研吾：消失的建筑／日本隈研吾建筑都市设计
事务所著；付云伍译 .—桂林：广西师范大学出版社，
2021.6（2022.9 重印）

ISBN 978-7-5598-3647-2

Ⅰ．①隈… Ⅱ．①日… ②付… Ⅲ．①建筑艺术－世
界 Ⅳ．① TU-861

中国版本图书馆 CIP 数据核字 (2021) 第 037792 号

隈研吾：消失的建筑
WEIYANWU：XIAOSHI DE JIANZHU

出 品 人：刘广汉
责任编辑：冯晓旭
装帧设计：马韵蕾
广西师范大学出版社出版发行

（广西桂林市五里店路 9 号　　　　邮政编码：541004）
（网址：http://www.bbtpress.com　　　　　　　　　　）
出版人：黄轩庄
全国新华书店经销
销售热线：021-65200318　021-31260822-898
凸版艺彩（东莞）印刷有限公司印刷
（东莞市望牛墩镇朱平沙科技三路 邮政编码：523000）
开本：635 mm × 960 mm　　　1/8
印张：37.5　　　　　　　字数：150 千字
2021 年 6 月第 1 版　　　2022 年 9 月第 2 次印刷
定价：288.00 元